Inhalt

Schöne Päckchen	2
Addition	4
Subtraktion	6
Zehnereinmaleins	8
Das Vierhunderterfeld	10
Sachaufgaben: Längen	12
Flächeninhalte	14
Die Stellentafel	16
Aufgaben vergleichen	18
Fermi-Aufgaben	20
Aufgaben am Rechenstrich	22
Zahlenmauern	24
Sachaufgaben: Rauminhalte	26
Rechte Winkel und parallele Linien	28
Formen am Geobrett	30
Zahlenfolgen	32
Symmetrie an der Zeichenuhr	34
Mit Tabellen rechnen	36
Das Stelleneinmaleins	38
Babylonische Multiplikation	40
Zahlenfolgen	42
Quader und Würfel	44
Teilbarkeiten	46
Primzahlen	48
Mit Tabellen rechnen	50
Kombinatorik	52
Das habe ich geschafft!	56

Schöne Päckchen

1 Rechne. Was fällt dir auf? Beschreibe und erkläre.

a) 387 + 501 = ______ ______________________________

376 + 512 = ______ ______________________________

365 + 523 = ______ ______________________________

354 + 534 = ______ ______________________________

b) 102 + 453 = ______ ______________________________

213 + 342 = ______ ______________________________

324 + 231 = ______ ______________________________

435 + 120 = ______ ______________________________

2 Finde schöne Päckchen.

___ + ___ = 999	___ + ___ = 777	___ + ___ = ___
___ + ___ = 999	___ + ___ = 777	___ + ___ = ___
___ + ___ = 999	___ + ___ = 777	___ + ___ = ___
___ + ___ = 999	___ + ___ = 777	___ + ___ = ___
___ + ___ = 999	___ + ___ = 777	___ + ___ = ___

Schöne Päckchen

3 Rechne. Was fällt dir auf? Beschreibe und erkläre.

a) 642 – 420 = ____

653 – 431 = ____

664 – 442 = ____

675 – 453 = ____

b) 768 – 435 = ____

657 – 324 = ____

546 – 213 = ____

435 – 102 = ____

4 Finde schöne Päckchen.

____ – ____ = 111	____ – ____ = 444	____ – ____ = ____
____ – ____ = 111	____ – ____ = 444	____ – ____ = ____
____ – ____ = 111	____ – ____ = 444	____ – ____ = ____
____ – ____ = 111	____ – ____ = 444	____ – ____ = ____
____ – ____ = 111	____ – ____ = 444	____ – ____ = ____

Addition

1 Addiere immer drei Zahlen nebeneinander.

301	302	303	304	305	306	307	308	309	310
311	312	313	314	315	316	317	318	319	320
321	322	323	324	325	326	327	328	329	330
331	332	333	334	335	336	337	338	339	340
341	342	343	344	345	346	347	348	349	350

Addiere immer drei Zahlen nebeneinander. Überprüfe den Rechenweg von Mila oder von Murat.

Stimmt der Rechenweg? Begründe.

Addition

2 Addiere immer drei Zahlen untereinander.

Die Aufgabe ist 205 + 215 + 225.

201	202	203	204	205	206	207	208	209	210
211	212	213	214	215	216	217	218	219	220
221	222	223	224	225	226	227	228	229	230
231	232	233	234	235	236	237	238	239	240
241	242	243	244	245	246	247	248	249	250

Können wir auch einen kurzen Rechenweg finden?

Addiere immer drei Zahlen untereinander. Finde einen kurzen Rechenweg.

Stimmt der Rechenweg? Begründe.

Subtraktion

1 Subtrahiere wie Marta. Rechne auch als Probe die schriftliche Subtraktion.

a)

	T	H	Z	E	
	6	5	6	3	
–	2	3	7	7	
	4	2	-1	-4	
	4	2	-1	-4	200 – 10 = 190
	4	1	9	-4	
	4	1	9	-4	90 – 4 = 86
	4	1	8	6	

Probe:

	6	5	6	3
–	2	3	7	7

b)

	T	H	Z	E
	5	3	6	2
–	2	1	9	6

Probe:

–

c)

	T	H	Z	E
	8	6	3	6
–	4	2	7	9

Probe:

–

Subtraktion

2 Subtrahiere wie Marta. Rechne auch die Probe.

a)

	3	4	6	3
–	3	2	8	6

b)

	6	3	2	4
–	2	1	5	6

c)

	7	0	0	0
–	3	4	3	4

d)

	4	4	4	4
–	1	5	5	5

Zehnereinmaleins

1 Rechne und addiere über Kreuz die Produkte.

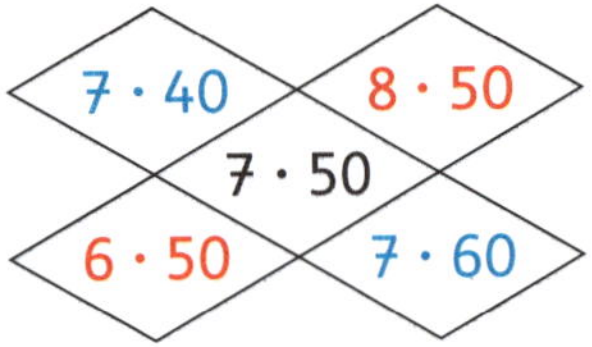

$7 \cdot 40 + 7 \cdot 60 =$ ____ $\quad 280 + 420 =$ ____

$6 \cdot 50 + 8 \cdot 50 =$ ____ $\quad 300 + 400 =$ ____

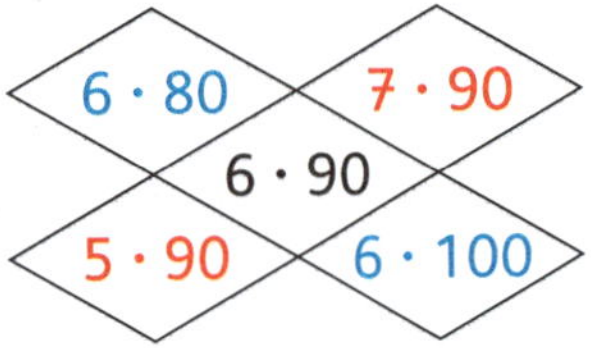

$6 \cdot 80 + \_\_ \cdot \_\_ =$ ____ $\quad \_\_ + \_\_ =$ ____

$5 \cdot 90 + \_\_ \cdot \_\_ =$ ____ $\quad \_\_ + \_\_ =$ ____

Was fällt dir auf? Erkläre. Finde und rechne weitere solcher Aufgaben.

Zehnereinmaleins

2 Zahlenrätsel. Wie heißt die Zahl? Finde auch eigene Rätsel.

a) Wenn ich meine Zahl mit 8 multipliziere und das Ergebnis durch 30 dividiere, dann erhalte ich 24.

____ → ____ → ____

b) Wenn ich meine Zahl durch 8 dividiere und das Ergebnis mit 40 multipliziere, dann erhalte ich 640.

____ → ____ → ____

c) Wenn ich meine Zahl mit 30 multipliziere und das Ergebnis durch 20 dividiere, dann erhalte ich 36.

____ → ____ → ____

d) Wenn ich meine Zahl durch 3 dividiere und das Ergebnis mit 70 multipliziere, dann erhalte ich 630.

____ → ____ → ____

e) Wenn ich meine Zahl mit ____ multipliziere und das Ergebnis durch ____ dividiere, dann erhalte ich ____.

____ → ____ → ____

f) Wenn ich meine Zahl durch ____ dividiere und das Ergebnis mit ____ multipliziere, dann erhalte ich ____.

____ → ____ → ____

Das Vierhunderterfeld

1 Rechne mit dem Malkreuz. Vergleiche. Was fällt dir auf?

a) 17 · 14

·	10	4
10		
7		

16 · 15

·	10	5
10		
6		

b) 14 · 11

·		

13 · 12

·		

c) 16 · 13

·		

15 · 14

·		

d) 15 · 12

·		

14 · 13

·		

Mir fällt auf, dass ______________________________

____

____

____

Das Vierhunderterfeld

2 Aus 18 · 15 mache 17 · 16. Erkläre am Punktefeld oder am Malkreuz.

·		

·		

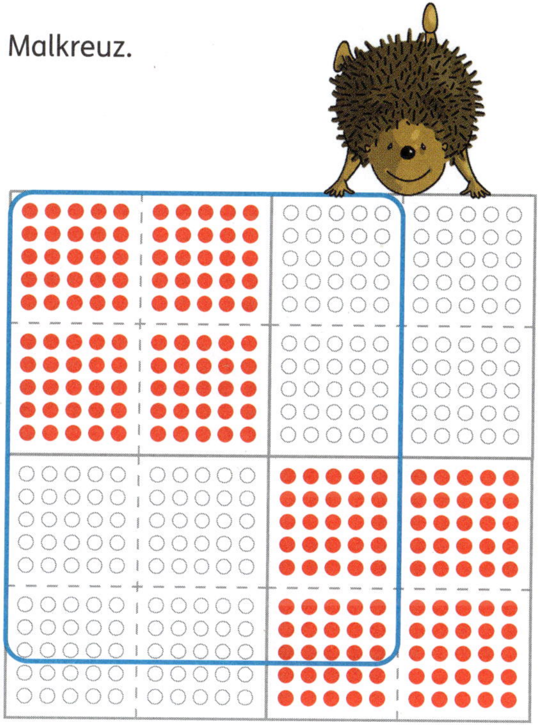

Sachaufgaben: Längen

1 Stelle dir vor, alle Kinder deiner Schule kaufen sich ein Eis.
Wie lang wird die Schlange?
Wie gehst du vor? Erkläre.

Sachaufgaben: Längen

2 Stelle dir vor, alle Kinder deiner Schule legen ihre Mathebücher auf einen Stapel. Ist der Stapel höher als der Klassenraum? Wie gehst du vor? Erkläre.

Flächeninhalte

1 Halbiere den Flächeninhalt eines Quadrats.

1. Falte ein quadratisches Blatt Papier so, dass du vier gleiche Quadrate erhältst.
2. Falte das Blatt wieder auseinander. Du siehst vier Faltlinien, die sich in der Mitte in ihrem Schnittpunkt treffen.
3. Falte jede Ecke des Quadrats zum Schnittpunkt. Du erhältst ein kleineres Quadrat. Der Flächeninhalt des kleinen Quadrats ist halb so groß wie der Flächeninhalt vom ursprünglichen Quadrat.

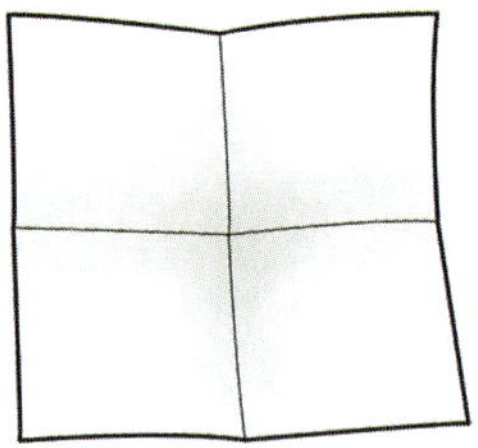

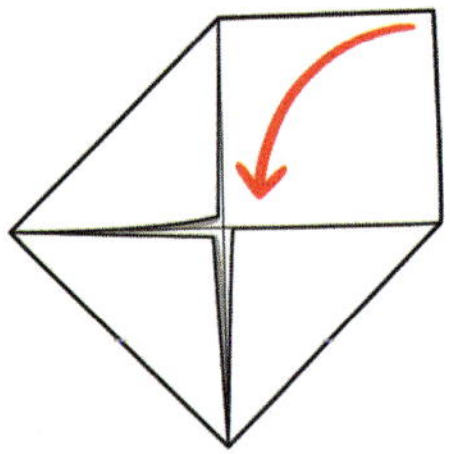

Begründe: Der Flächeninhalt des Quadrats wurde halbiert.

Flächeninhalte

2 Zeichne in jedes Quadrat ein kleineres Quadrat mit dem halben Flächeninhalt.

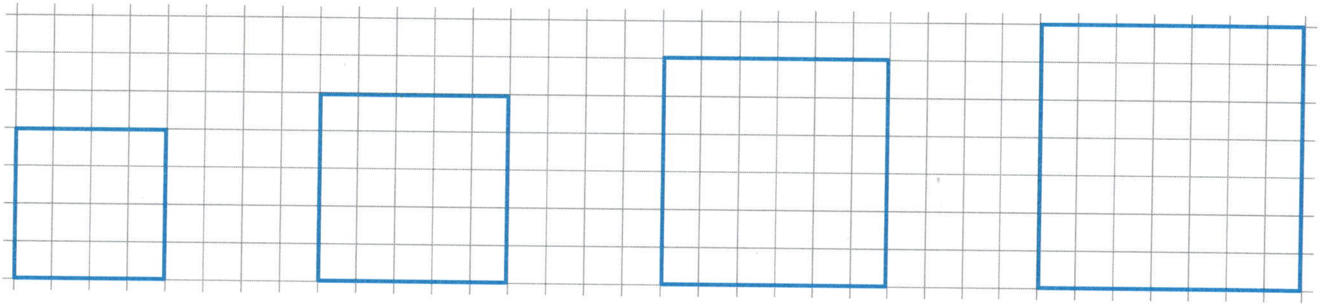

3 Zeichne um jedes Quadrat ein größeres Quadrat mit dem doppelten Flächeninhalt.

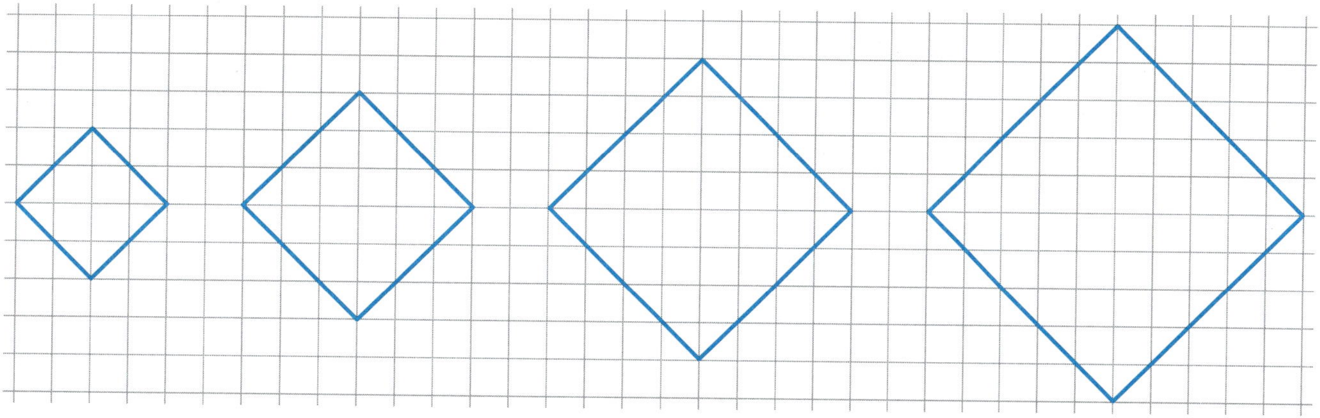

Die Stellentafel

1 Ein Plättchen wird von den Zehnern zu den Tausendern geschoben. Vergleiche die Zahlen.

a)

HT	ZT	T	H	Z	E
●●	●●●	●●●●● ●●	●●●●●	●●●●● ○	●●
●●	●●●	●●●●● ●●○	●●●●●	●●●●●	●●

237 562

______

b)

HT	ZT	T	H	Z	E
	●●●●● ●●●	●●●	●●●●	○	●●●●● ●●
	●●●●● ●●●	●●●○	●●●●		●●●●● ●●

______

______

c)

HT	ZT	T	H	Z	E

______

______

d) Wie ändert sich die Zahl? Erkläre.

______

______

______

______

Die Stellentafel

2 Finde die zweite Zahl von Anna und Ben.

Anna

Ich kann zwei Plättchen so verschieben, dass meine zweite Zahl um 8 901 kleiner ist als meine erste Zahl.

	HT	ZT	**T**	H	Z	**E**	
1.	•••	••	••••	••	•	•••	324 213
2.							______

Ben

Ich kann zwei Plättchen so verschieben, dass meine zweite Zahl um 90 090 kleiner ist als meine erste Zahl.

	HT	ZT	**T**	H	Z	**E**	
1.	•••••	•••	••••	•		••	______
2.							______

Aufgaben vergleichen

1 Drei Aufgaben, ein Ergebnis.

a) 320 · 1 000 = ______
3 200 · 100 = ______
32 000 · 10 = ______

b) 487 · 1 000 = ______
4 870 · 100 = ______
48 700 · 10 = ______

c) 638 · 10 000 = ______
6 380 · 1 000 = ______
63 800 · 100 = ______

d) Was fällt dir auf? Erkläre.

		3	2	0	·	1	0	0	0	=
	3	2	0	0	·		1	0	0	=
3	2	0	0	0	·			1	0	=

2 Immer drei Aufgaben.

a) 5 · 100 = ______
10 · 50 = ______
20 · 25 = ______

b) 15 · 444 = ______
30 · 222 = ______
60 · 111 = ______

c) 19 · 400 = ______
38 · 200 = ______
76 · 100 = ______

Aufgaben vergleichen

3 Vier Aufgaben, ein Ergebnis. Setze fort.

a)
$7 \cdot 200 = 1\,400$
$14 \cdot 100 = 1\,400$
$\_\_ \cdot \_\_ = 1\,400$
$\_\_ \cdot \_\_ = 1\,400$

b)
$13 \cdot 24 = 312$
$26 \cdot \_\_ = 312$
$\_\_ \cdot \_\_ = 312$
$\_\_ \cdot \_\_ = 312$

c)
$25 \cdot 8 = \_\_$
$\_\_ \cdot \_\_ = \_\_$
$\_\_ \cdot \_\_ = \_\_$
$\_\_ \cdot \_\_ = \_\_$

d)
$9 \cdot 80 = \_\_$
$\_\_ \cdot \_\_ = \_\_$
$\_\_ \cdot \_\_ = \_\_$
$\_\_ \cdot \_\_ = \_\_$

4 a) Finde immer eine Malaufgabe mit demselben Ergebnis.

$17 \cdot 20 = \_\_ \cdot \_\_$ $7 \cdot 10 = \_\_ \cdot \_\_$ $19 \cdot 100 = \_\_ \cdot \_\_$ $27 \cdot 30 = \_\_ \cdot \_\_$

$18 \cdot 5 = \_\_ \cdot \_\_$ $24 \cdot 3 = \_\_ \cdot \_\_$ $16 \cdot 33 = \_\_ \cdot \_\_$ $70 \cdot 25 = \_\_ \cdot \_\_$

b) Wie gehst du vor? Erkläre.

Fermi-Aufgaben

Das Mathebuch von Till, Esra und Lilly hat 140 Seiten. Sie überlegen, wie viele Wörter insgesamt in dem Mathebuch stehen.

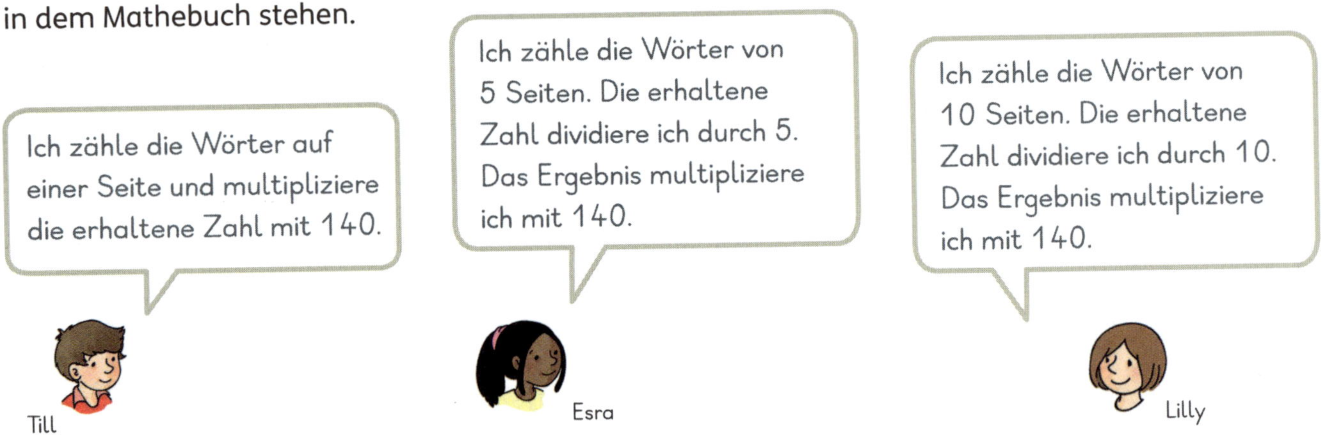

1 Was vermutest du, welches Kind kommt am schnellsten zum Ergebnis? Erkläre.

____

____

2 Was vermutest du, welches Kind hat das genaueste Ergebnis? Erkläre.

____

____

Fermi-Aufgaben

3 Der Wasserhahn der Badewanne tropft.

Es passen etwa 150 Liter in die Badewanne.

Nach wie vielen Tropfen ist die Badewanne voll?

Wie gehst du vor? Welche Hilfsmittel benutzt du?

Aufgaben am Rechenstrich

1 Finde die Mitte zwischen den zwei Zahlen.

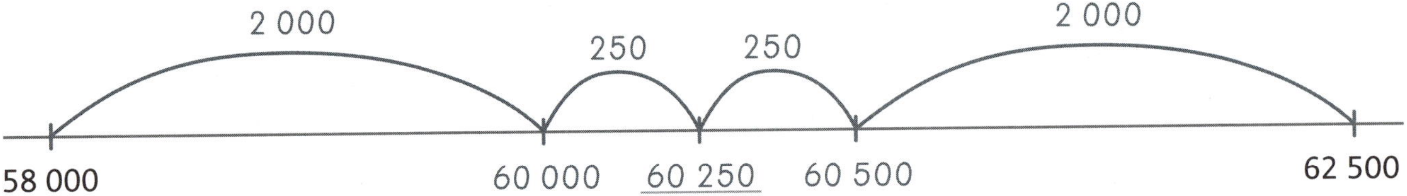

74 380 78 390

15 301 32 599

25 375 32 125

Aufgaben am Rechenstrich

2 a) Hat Noah Recht?

Probiere mit den leeren Rechenstrichen aus.

b) ☐ Noah hat Recht, ... ☐ Noah hat nicht Recht, ...

... weil

Zahlenmauern

1

18	31	25

Lena

Ich kann den Deckstein berechnen,
ohne die zweite Reihe auszurechnen.
Ich addiere alle Grundsteine.
18 + 31 + 25 =

Hat Lena Recht? Probiere mit den leeren Zahlenmauern.

☐ Lena hat Recht, weil …

☐ Lena hat nicht Recht, weil …

Zahlenmauern

2 Berechne den Deckstein, ohne die zweite und dritte Reihe zu berechnen.

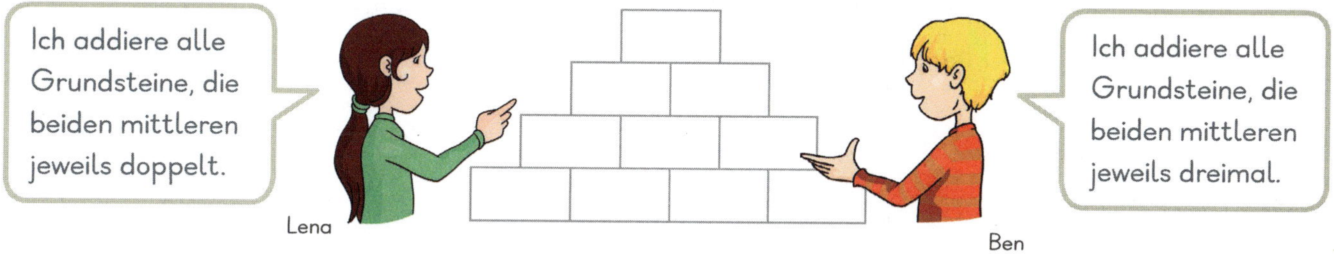

Wer hat Recht? Probiere mit den leeren Zahlenmauern.

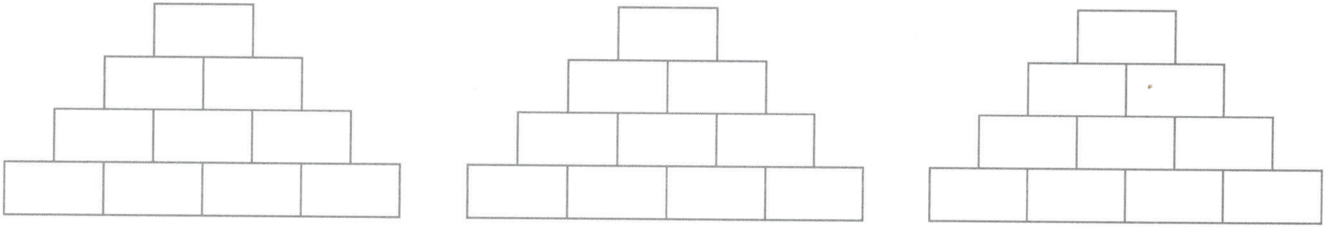

☐ Lena hat Recht, weil ...

☐ Ben hat Recht, weil ...

Sachaufgaben: Rauminhalte

1 Paula hat 70 l Wasser in 20 Eimer verteilt, rote und blaue.

In den roten Eimern sind 5 l, in den blauen Eimern sind 3 l Wasser.

Wie viele Eimer hat Paula von jeder Sorte?

2 Ina hat 80 l Wasser in 20 Eimer verteilt, rote, blaue und grüne.
In den roten Eimern sind 5 l, in den blauen Eimern sind 3 l Wasser und in den grünen Eimern sind 2 l Wasser.
Wie viele Eimer hat Ina von jeder Sorte?
Es gibt verschiedene Lösungen. Findest du alle?

Rechte Winkel und parallele Linien

1 Wie viele rechte Winkel findest du in jeder Figur? Markiere sie.

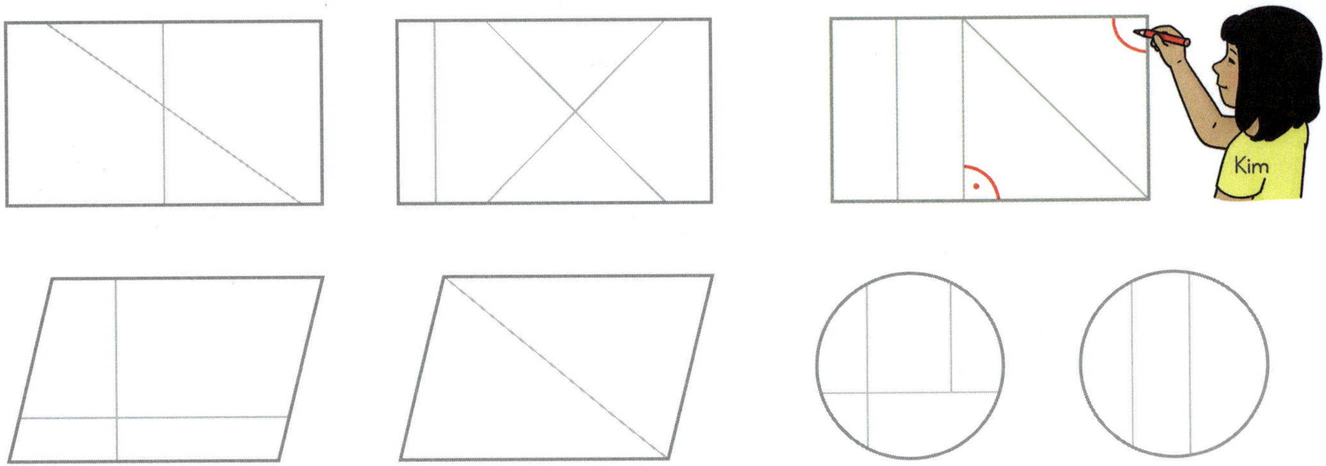

2 Ergänze jeweils eine Linie, so dass in jeder Figur genau 4 rechte Winkel mehr sind.

Rechte Winkel und parallele Linien

3 Wie viele Parallelenpaare haben die Figuren? Zeichne sie farbig ein.

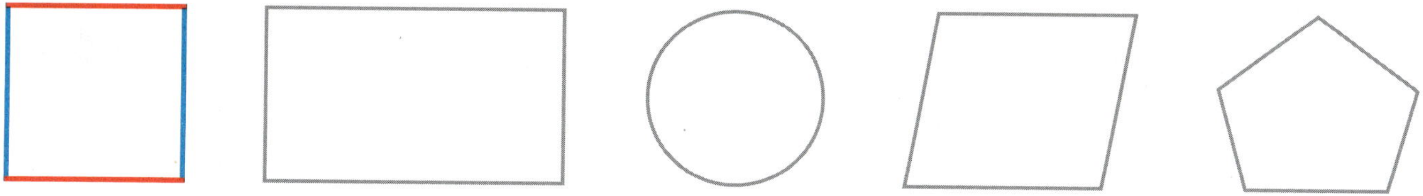

2 ____ ____ ____ ____

4 a) Zeichne andere Figuren ...

... ohne Parallelenpaare.

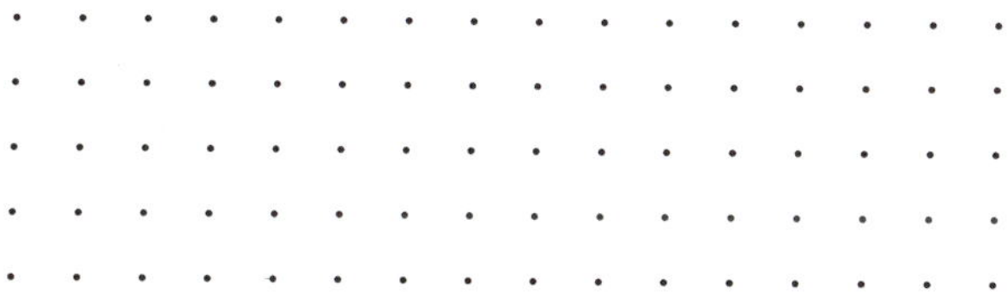

... mit genau einem Parallelenpaar.

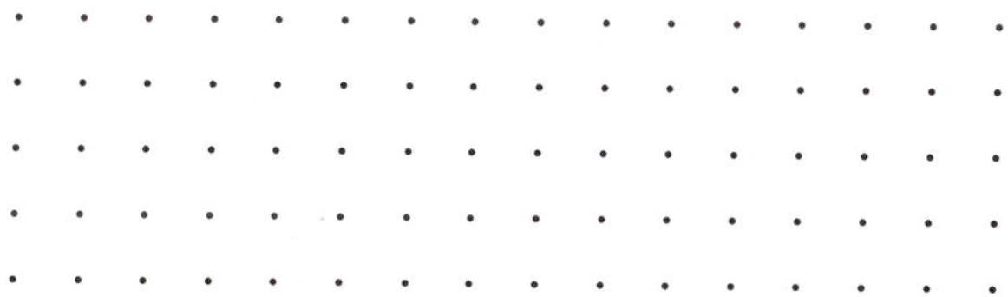

b) Zeichne eine Figur mit genau drei Parallelenpaaren.

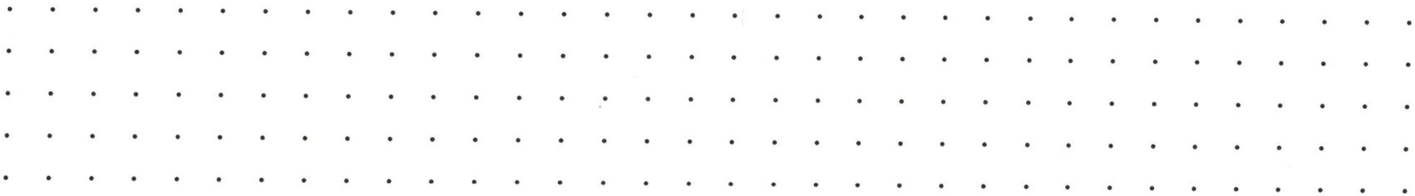

Formen am Geobrett

1 Spanne eine Ecke des blauen Dreiecks so um, dass du ein Dreieick mit einem rechtem Winkel erhältst. Zeichne dein neues Dreieck rot und markiere den rechten Winkel. Finde immer 2 verschiedene Möglichkeiten.

a)

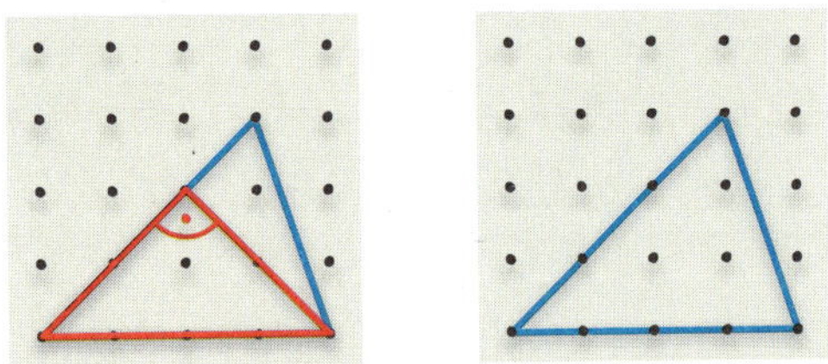

b)

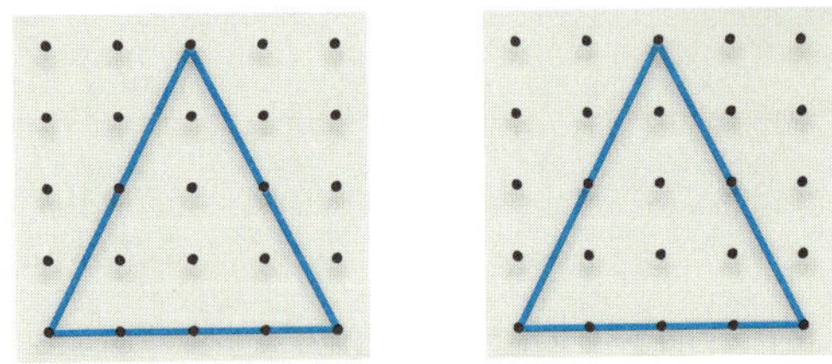

c)

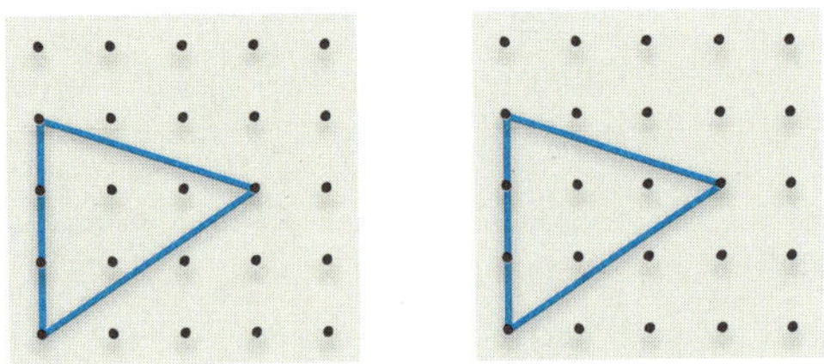

d)

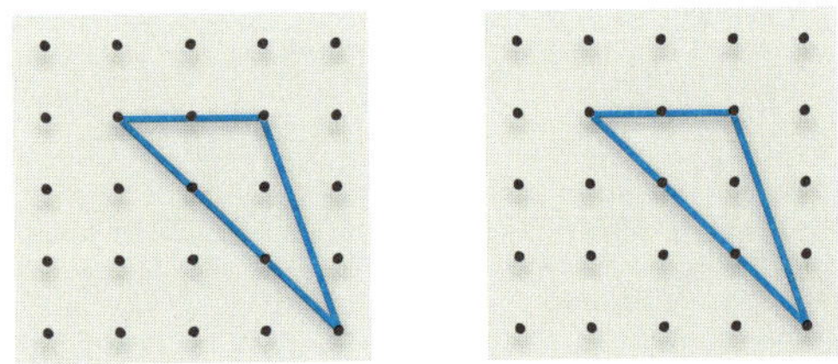

e)

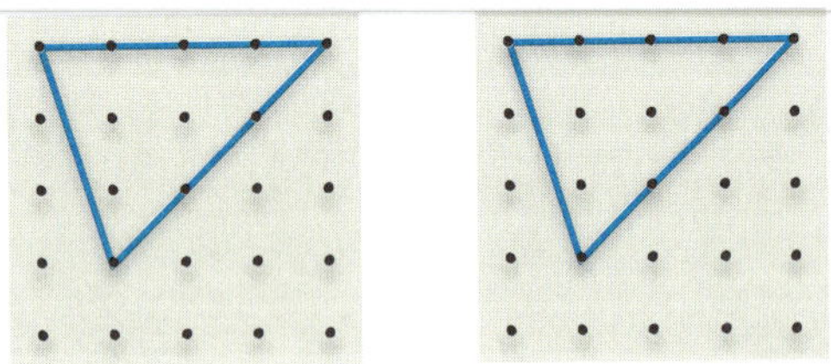

f)

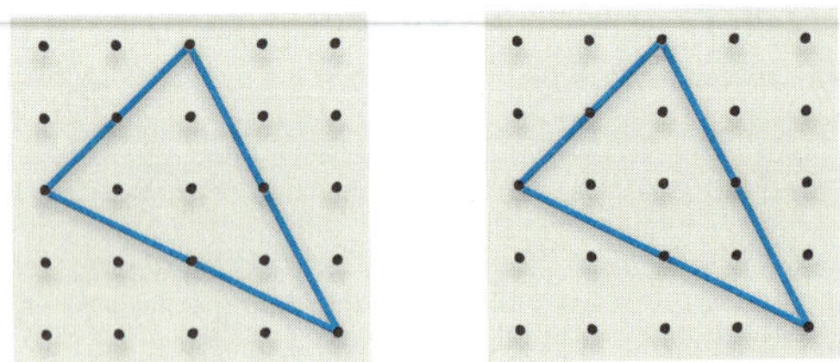

Formen am Geobrett

2 Spanne eine Linie, so dass du zwei Dreiecke erhältst.

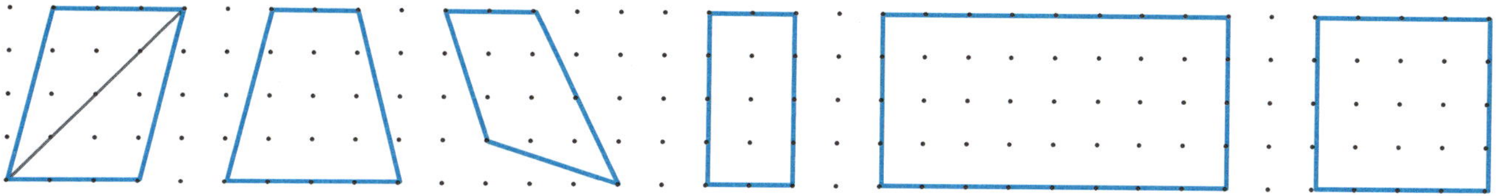

Markiere alle rechten Winkel in den neuen Dreiecken. Was fällt dir auf? Erkläre.

____

____

3

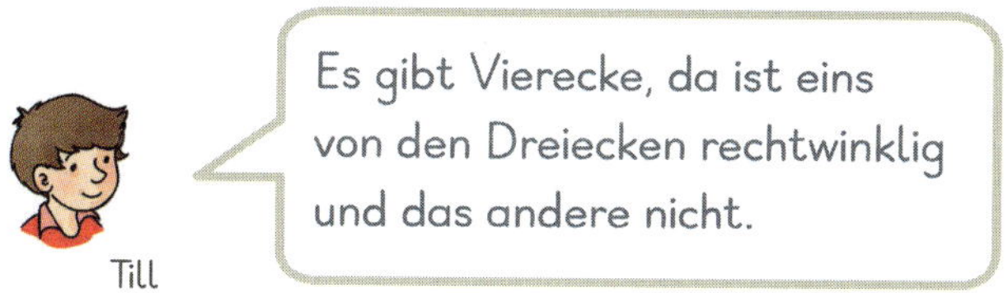

Hat Till Recht? Probiere.

☐ Till hat Recht, …　　　☐ Till hat nicht Recht, …

… weil ____

____

Zahlenfolgen

1

1.	2.	3.	4.	5.	6.	7.	8.	9.
1	1	2	3	5	8	13	...	...
1	1	1+1	1+2	2+3	3+5	5+8		

☐ Anton hat Recht, ...   ☐ Anton hat nicht Recht, ...

... weil ______________________________

____

____

Zahlenfolgen

2

1.	2.	3.	4.	5.
4	5	9	14	...

☐ Esra hat Recht, ... ☐ Esra hat nicht Recht, ...

... weil ______________________________

____

____

Symmetrie an der Zeichenuhr

1 Finde verschiedene Dreiecke mit dieser Symmetrieachse. Schreibe den Zeichenplan.

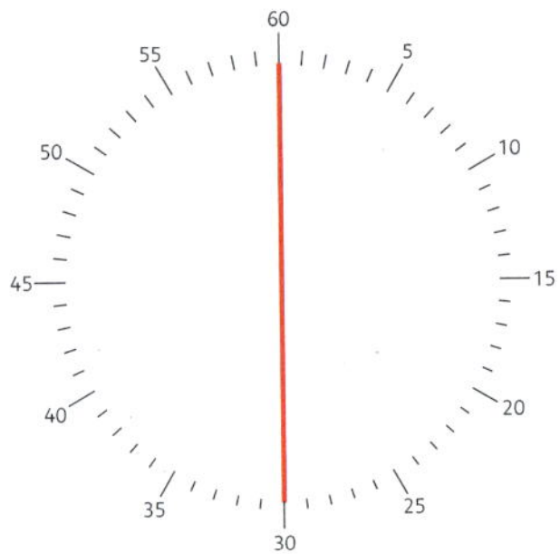

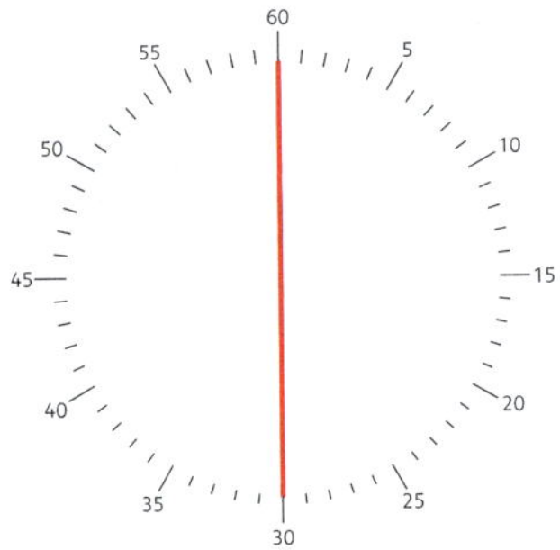

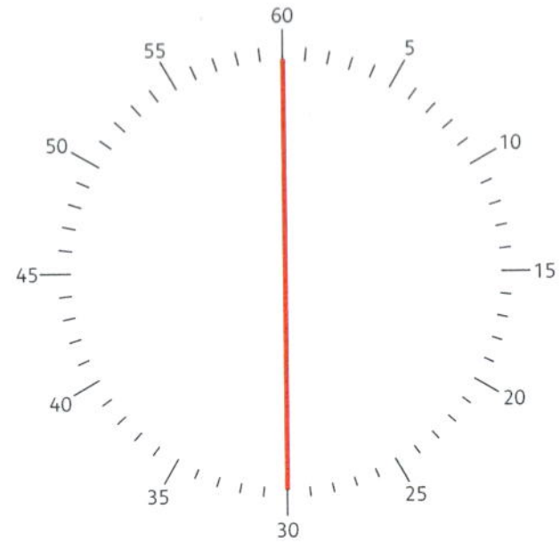

50 → 10 → 30 → 50

2 Finde verschiedene Vierecke mit dieser Symmetrieachse. Schreibe den Zeichenplan.

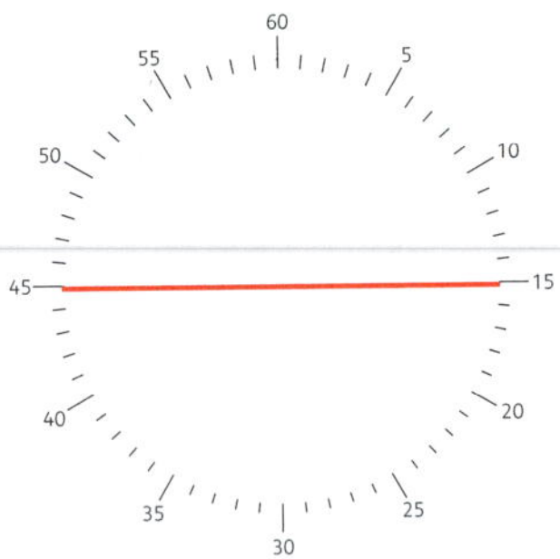

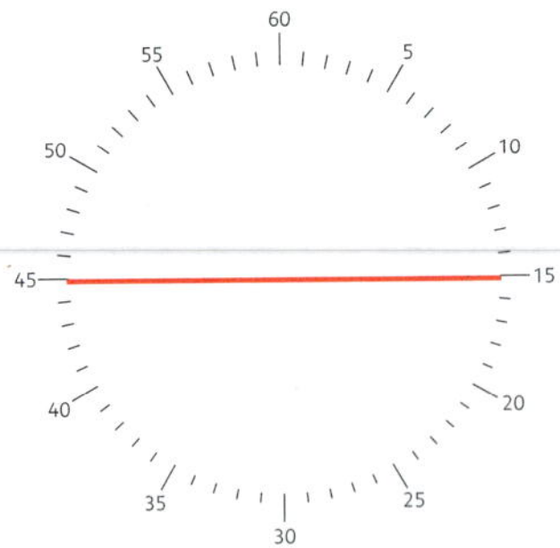

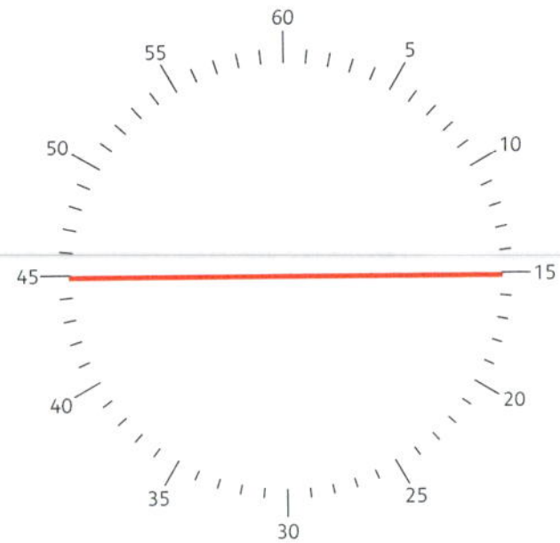

Symmetrie an der Zeichenuhr

3 Finde verschiedene Fünfecke mit dieser Symmetrieachse. Schreibe den Zeichenplan.

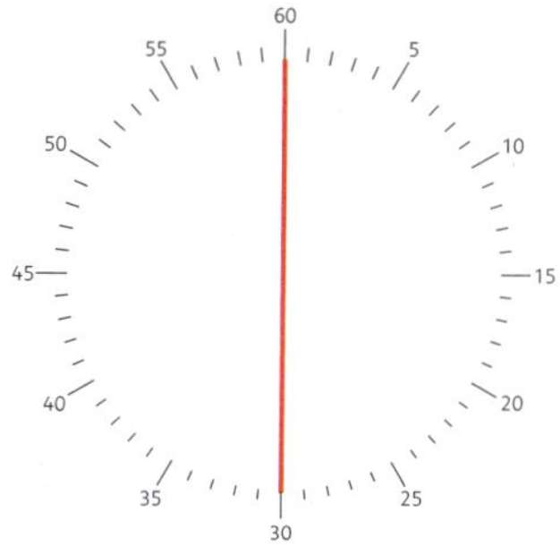

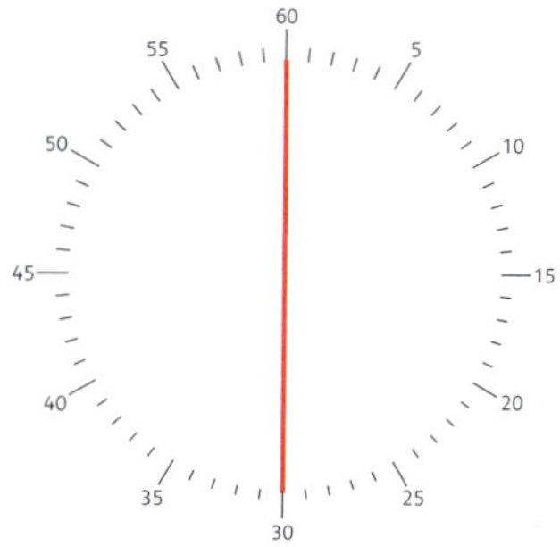

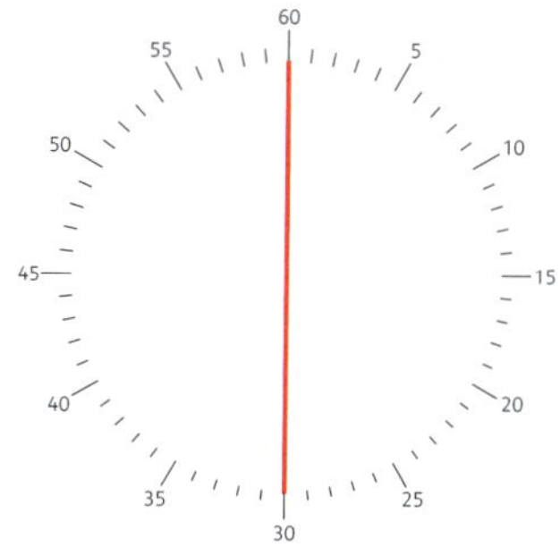

4 Finde verschiedene Sechsecke mit dieser Symmetrieachse. Schreibe den Zeichenplan.

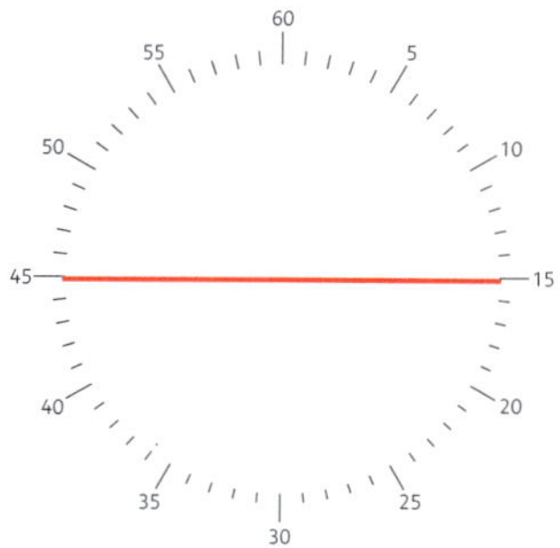

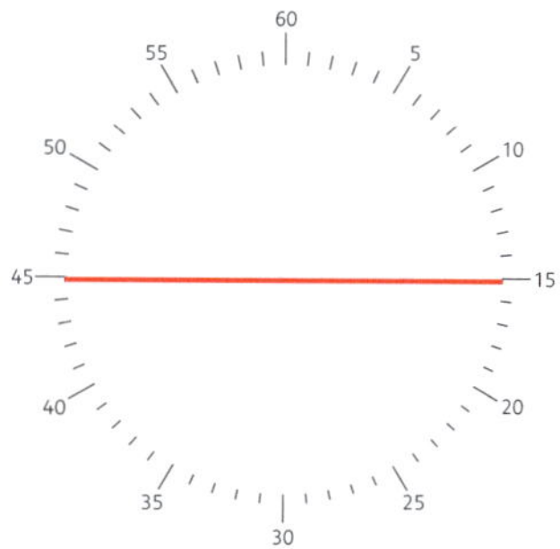

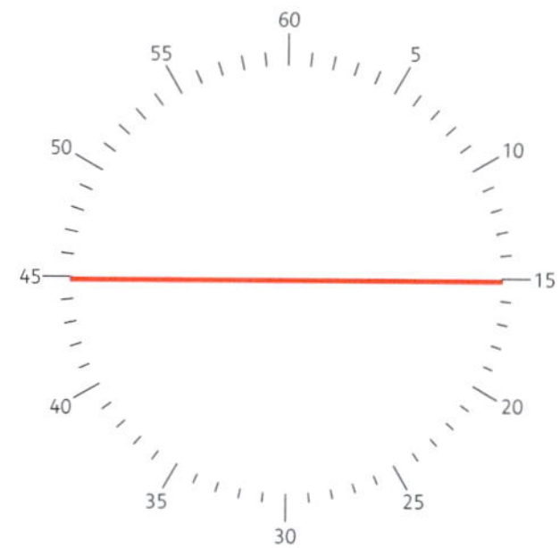

Mit Tabellen rechnen

1 Die Wasserlinsen in einem Teich vermehren sich.

Alle drei Tage wird gezählt.

Ergänze in der Tabelle.

Tag 1	Tag 4	Tag 7	Tag 10	Tag 13	Tag 16	Tag 19	Tag 22	Tag 25	Tag 28
2	4	8	16						

Was fällt dir auf? Erkläre.

2 Es sind 192 Wasserlinsen in einem Teich. Vor wie vielen Tagen waren es 3?

Mit Tabellen rechnen

3 In einem Teich sind 20 Wasserlinsen. Nach wie vielen Tagen werden es mehr als 10 000 Wasserlinsen auf dem Teich sein? Es wird wieder alle drei Tage gezählt. Wie gehst du vor? Erkläre.

Das Stelleneinmaleins

1 Welche Zahlen passen? Schreibe auf. 0 1 2 3 4 5 6 7 8 9

a) $\square \cdot 60 < 370$ — 0, 1, ______
$\square \cdot 800 > 3\,700$ — ______
$490 < \square \cdot 80 < 570$ — ______

b) $\square \cdot 700 < 36\,000$ — ______
$\square \cdot 4\,000 > 29\,000$ — ______
$38\,000 < \square \cdot 8\,000 < 58\,000$ — ______

2 Finde eigene Aufgaben.

a) $\square \cdot 50 <$ ______ — ______
$\square \cdot 300 >$ ______ — ______
______ $< \square \cdot 40 <$ ______ — ______

b) $\square \cdot 800 <$ ______ — ______
$\square \cdot 7\,000 >$ ______ — ______
______ $< \square \cdot 6\,000 <$ ______ — ______

c) $\square \cdot$ ______ $< 42\,000$ — ______
$\square \cdot$ ______ $> 51\,000$ — ______
______ $< \square \cdot$ ______ $<$ ______ — ______

Das Stelleneinmaleins

2 Zahlenrätsel. Wie heißt die Zahl?

a) Wenn ich meine Zahl mit 700 multipliziere, ist das Produkt kleiner als 5 300 und größer als 4 200.

b) Wenn ich meine Zahl mit 600 multipliziere, erhalte ich das Vierfache von 90 000.

c) Meine Zahl kann ich ohne Rest teilen durch 400, 600 und 800. Finde mehrere Lösungen.

Babylonische Multiplikation

Zahl	9	10	11	12	13	14	15	16	17	18	19	2
Quadratzahl	81	100	121	144	169	196	225	256	289	324	361	40

Die Babylonier hatten einen besonderen Rechenweg zur Multiplikation.

Sie brauchten dafür eine Tabelle mit den Quadratzahlen.

Malaufgabe	13 · 7 = ___
Addiere beide Zahlen.	13 + 7 = 20
Subtrahiere beide Zahlen.	13 – 7 = 6
Bilde die Quadratzahlen und subtrahiere sie.	400 – 36 = 364
Dividiere durch 4.	364 : 4 = **91**

1 Rechne wie die Babylonier.

15 · 6 = ___	17 · 5 = ___	16 · 7 = ___	18 · 6 = ___
15 + 6 = ___	___ + ___ = ___	___ + ___ = ___	___ + ___ = ___
15 – 6 = ___	___ – ___ = ___	___ – ___ = ___	___ – ___ = ___
___ – ___ = ___	___ – ___ = ___	___ – ___ = ___	___ – ___ = ___
___ : 4 = ___	___ : 4 = ___	___ : 4 = ___	___ : 4 = ___

Babylonische Multiplikation

1	22	23	24	25	…	32	33	34	**Zahl**
41	484	529	576	625	…	1 024	1 089	1 156	Quadratzahl

2 Rechne wie die Babylonier.

a) 14 · 11 = ____

\+ =

− =

− =

: 4 =

12 · 11 = ____

\+ =

− =

− =

: 4 =

14 · 18 = ____

\+ =

− =

− =

: 4 =

b) 19 · 14 = ____

\+ =

− =

− =

: 4 =

13 · 19 = ____

\+ =

− =

− =

: 4 =

17 · 16 = ____

\+ =

− =

− =

: 4 =

Zahlenfolgen

Mittelzahl ↓ Zielzahl ↓

immer + 10   10 – 20 – 30 – 40 – 50 (**150**)

1 a) Finde Zahlenfolgen zur Mittelzahl 30.

+ ___   ☐ – ☐ – 30 – ☐ – ☐ ◯

+ ___   ☐ – ☐ – ☐ – ☐ – ☐ ◯

+ ___   ☐ – ☐ – ☐ – ☐ – ☐ ◯

b) Finde Zahlenfolgen zur Mittelzahl 44.

+ ___   ☐ – ☐ – 44 – ☐ – ☐ ◯

+ ___   ☐ – ☐ – ☐ – ☐ – ☐ ◯

+ ___   ☐ – ☐ – ☐ – ☐ – ☐ ◯

c) Was fällt dir auf? Erkläre.

Zahlenfolgen

2 Immer die Zielzahl 100. Finde verschiedene Lösungen.

+ ___						100
+ ___						100
+ ___						100
+ ___						100
+ ___						100
+ ___						100

Wie gehst du vor? Erkläre.

Quader und Würfel

Anzahl rote Flächen	0	1	2	3
Anzahl cm-Würfel	0	0	0	8

1 Eva malt den großen Würfel außen an. Dann baut sie die einzelnen kleinen Zentimeterwürfel auseinander. Wie viele Zentimeterwürfel erhält sie jeweils mit drei, zwei, einer oder keiner roten Seiten? Ergänze die Tabellen.

a)

b)

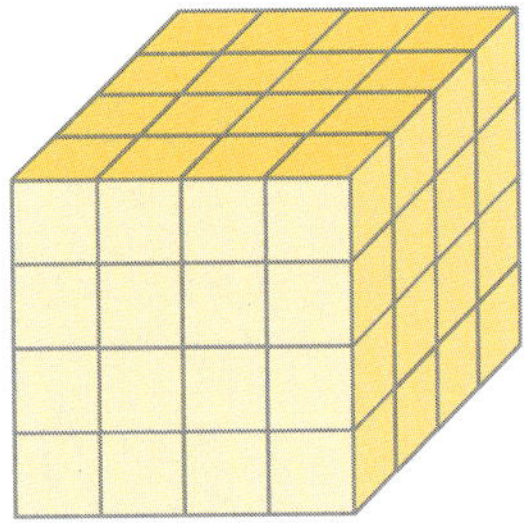

c)

Ein Würfel ist
6 cm lang,
6 cm breit und
6 cm hoch.

Anzahl rote Flächen	0	1	2	3
Anzahl cm-Würfel				

Anzahl rote Flächen	0	1	2	3
Anzahl cm-Würfel				

Anzahl rote Flächen	0	1	2	3
Anzahl cm-Würfel				

Quader und Würfel

2 Ergänze die Tabellen.

a)

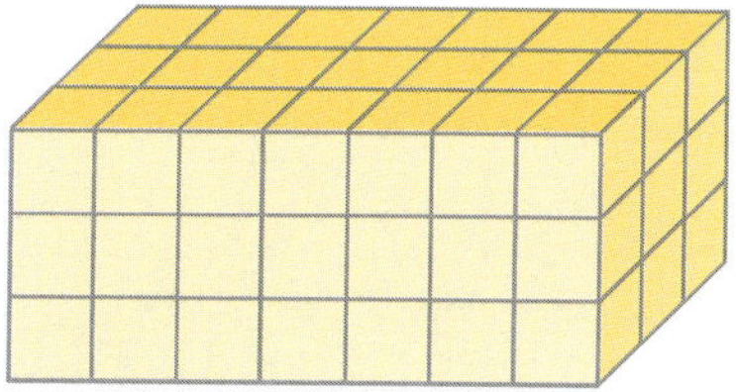

Anzahl rote Flächen	0	1	2	3
Anzahl cm-Würfel				

b)

Ein Quader ist
2 cm lang,
3 cm breit und
4 cm hoch.

Anzahl rote Flächen	0	1	2	3
Anzahl cm-Würfel				

c)

Ein Quader ist
2 cm lang,
4 cm breit und
4 cm hoch.

Anzahl rote Flächen	0	1	2	3
Anzahl cm-Würfel				

2 Finde einen möglichen Quader zu den in der Tabelle vorgegebenen Zentimeterwürfeln.

a)

Ein Quader ist
____ cm lang,
____ cm breit,
____ cm hoch.

Anzahl rote Flächen	0	1	2	3
Anzahl cm-Würfel	0	0	8	8

b)

Ein Quader ist
____ cm lang,
____ cm breit,
____ cm hoch.

Anzahl rote Flächen	0	1	2	3
Anzahl cm-Würfel	0	4	12	8

Teilbarkeiten

1 a) Dividiere durch 4.

16 : 4 = ______ 29 : 4 = ______ 70 : 4 = ______
116 : 4 = ______ 129 : 4 = ______ 170 : 4 = ______
216 : 4 = ______ 229 : 4 = ______ 270 : 4 = ______

b) Dividiere durch 8.

128 : 8 = ______ 137 : 8 = ______ 162 : 8 = ______
1 128 : 8 = ______ 1 137 : 8 = ______ 1 162 : 8 = ______
2 128 : 8 = ______ 2 137 : 8 = ______ 2 162 : 8 = ______

124 : 8 = ______ 405 : 8 = ______ 806 : 8 = ______
1 124 : 8 = ______ 1 405 : 8 = ______ 1 806 : 8 = ______
3 124 : 8 = ______ 5 405 : 8 = ______ 4 806 : 8 = ______

c) Vergleiche die Reste und erkläre.

Teilbarkeiten

2

Wer hat Recht? ☐ Noah hat Recht, … ☐ Ben hat Recht, …

… weil ____

____

Primzahlen

Primzahlen kann man ohne Rest nur durch sich selbst und durch 1 teilen. Einstellige Primzahlen: 2, 3, 5 und 7. 6 ist keine Primzahl, denn sie lässt sich ohne Rest durch sich selbst, durch 1, durch 2 und durch 3 teilen.

1 Finde Primzahlen. Streiche dazu alle Zahlen durch, die keine Primzahlen sind.

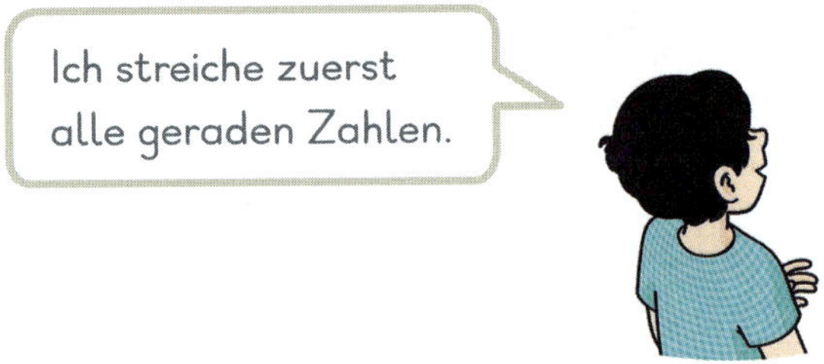

11	12	13	14	15	16	17	18	19	20
21	22	23	24	25	26	27	28	29	30
31	32	33	34	35	36	37	38	39	40
41	42	43	44	45	46	47	48	49	50
51	52	53	54	55	56	57	58	59	60
61	62	63	64	65	66	67	68	69	70

Wie gehst du vor? Beschreibe.

Primzahlen

2 Zerlege jede gerade Zahl zwischen 4 und 30 in eine Summe aus zwei Primzahlen.

Zahl	**4**	**6**	**8**	**10**	**12**	**14**	**16**	**18**	**20**	**22**
Primzahlen	2 + 2	3 + 3								

Bis heute konnte kein Mathematiker beweisen, ob jede gerade Zahl größer als 2 als Summe von 2 Primzahlen darstellbar ist. Aber es wurde schon für Zahlen bis mehr als eine Trillion überprüft. Wenn du 18-mal die 10 mit sich selbst multiplizierst, dann erhältst du eine Trillion.

3 Ungerade Zahlen lassen sich jeweils in drei Primzahlen zerlegen. Finde die Zerlegungen.

Ich nutze die Tabelle oben und brauche dann nur noch eine 3 zu addieren.

Lena

Zahl	**7**	**9**	**11**	**13**	**15**	**17**	**19**	**21**	**23**
Lenas Trick	4 = 2 + 2	6 = 3 + 3							
Zerlegung	2 + 2 + 3	3 + 3 + 3							

Mit Tabellen rechnen

1

250 g	1,80 €

330 g	1,98 €

Wenn Anna herausfindet, was jeweils 100 g kosten, kann sie gut vergleichen.

Kleine Packung

	Gewicht	Preis	
	250 g	180 ct	
: 5	50 g	36 ct	: 5
· 2	**100 g**	72 ct	· 2

Große Packung

	Gewicht	Preis	
	330 g	198 ct	
: 3	110 g	___ ct	: 3
___	10 g	___ ct	___
___	**100 g**	___ ct	___

Wie geht Anna vor, um den Preis für 100 g herauszufinden? Erkläre und ergänze in der Tabelle.

Mit Tabellen rechnen

2 Sind die großen Packungen günstiger als die kleinen? Überprüfe.

300 g	2,40 €

450 g	2,70 €

Gewicht	Preis

Gewicht	Preis

240 g	1,80 €

500 g	3,80 €

Gewicht	Preis

Gewicht	Preis

Kombinatorik

1 a) **3 Kinder und 2 Stühle: A**yla, **B**en und **C**harly spielen ein Spiel. Sie laufen um 2 Stühle. Bei einem Gong müssen sie versuchen, sich auf einen Stuhl zu setzen. Die Gewinner einer Spielrunde sind immer die 2 Kinder, die es schaffen, auf einem Stuhl zu sitzen. Finde alle Möglichkeiten für die Gewinner einer Spielrunde.

A – B,

Tipp: A – B ist die gleiche Möglichkeit wie B – A.

b) **4 Kinder und 2 Stühle: A**yla, **B**en und **C**harly und **D**aria spielen das Spiel nun zu viert. Es gibt wieder 2 Stühle. Finde alle Möglichkeiten für die Gewinner einer Spielrunde.

Kombinatorik

2 Vergleiche die Anzahl der Möglichkeiten für 2 Stühle und 2 Kinder, 3 Kinder und 4 Kinder.

a) Was fällt dir auf?

b) Vermute nun: Wie viele Möglichkeiten für die Gewinner einer Spielrunde gibt es bei 2 Stühlen und 5 Kindern? Begründe.

3 ☐ Esra hat Recht, weil ...

☐ Esra hat nicht Recht, weil ...

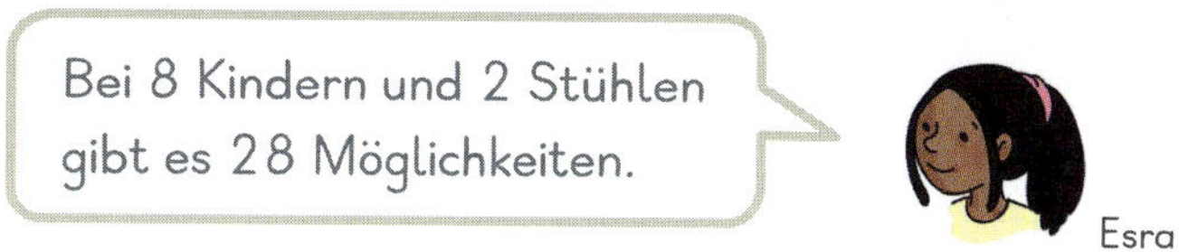

Kombinatorik

1 Male die Kästchen entweder blau oder rot an. Wie viele verschiedene Möglichkeiten gibt es ...

a) ... für 2 Kästchen?

b) ... für 3 Kästchen?

c) ... für 4 Kästchen?

Kombinatorik

2 Was fällt dir auf? Erkläre.

3 ☐ Metin hat Recht, weil ...

☐ Metin hat nicht Recht, weil ...

Das habe ich geschafft!

Male die Pilze aus. Für jede fertige Seite einen.